CAEP 中国环境规划政策绿皮书

中国生态环境 PPP 发展报告

（2018）

Progress Report on Eco-Environmental Public-Private Partnership in China（2018）

何 军 逯元堂 韩 斌 夏颖哲 等编著

中国环境出版集团·北京

图书在版编目（CIP）数据

中国生态环境PPP发展报告. 2018/何军等编著. —北京：中国环境出版集团，2019.5

（中国环境规划政策绿皮书）

ISBN 978-7-5111-3987-0

Ⅰ. ①中… Ⅱ. ①何… Ⅲ. ①政府投资—合作—社会资本—应用—生态环境建设—研究—中国 Ⅳ. ①X321.2

中国版本图书馆CIP数据核字（2019）第091322号

出版人	武德凯
责任编辑	葛 莉 曹 玮
责任校对	任 丽
封面设计	彭 杉

出版发行	中国环境出版集团 （100062 北京市东城区广渠门内大街16号） 网 址：http://www.cesp.com.cn 电子邮箱：bjgl@cesp.com.cn 联系电话：010-67112765（编辑管理部） 发行热线：010-67125803，010-67113405（传真）
印 刷	北京中科印刷有限公司
经 销	各地新华书店
版 次	2019年5月第1版
印 次	2019年5月第1次印刷
开 本	787×1092 1/16
印 张	4.5
字 数	40千字
定 价	32.00元

《中国环境规划政策绿皮书》
编 委 会

《中国生态环境 PPP 发展报告（2018）》
编 委 会

执行摘要

生态环境保护是我国推行政府和社会资本合作（PPP）模式的重点领域。在大量生态环境 PPP 项目调研，以及政策实施跟踪的基础上，系统分析了 2004 年以来全国生态环境 PPP 项目入库情况、市场交易情况、实施效益与问题，研判了生态环境 PPP 发展趋势。主要结论如下：

PPP 项目入库情况表明，生态环境 PPP 项目受金融政策收紧、PPP 项目入库更加严格规范等政策影响显著，2018 年入库项目数量和投资规模明显下降，较 2017 年分别下降 68.54%和 72.23%。华东、华中、西南地区态环境 PPP 入库项目较多，区域分布不均衡现象明显。生态环境 PPP 入库项目的运作方式主要为 BOT，投资回报机制以可行性缺口补助和政府付费为主，使用者付费比例较低。

从市场交易情况看，2017 年发起的生态环境 PPP 项目数量最多、规模最大，2015 年、2016 年次之，2018 年发起的项目数量和规模较小。综合治理类 PPP 项目投资规模占生态环境 PPP 项目投资总额的一半以上。从中标牵头单位企业性质来看，国有企业和民营企业投资规模分别占总成交规模的 68.66%和 28.84%，且国有企业单个项目的体量明显高于民营企业。生态环境 PPP 项目投资规模偏小，小于 5 亿元的项目数量占成交项目总数的 63.64%。

从实施成效看，生态环境 PPP 项目的落地实施在一定程度上加快了我国生态环境治理进程，尤其在市政环境基础设施建设和环境综合治理领域。其中，污水、垃圾处理领域三分之一左右的项目是采用 PPP 模式实施的。推行 PPP

模式一定程度上解决了污染防治攻坚任务重与资金投入不足的突出矛盾，对城市黑臭水体治理、渤海综合治理、长江保护修复、农业农村污染治理等行动计划的实施将起到重要的推动作用。根据测算，2014—2018 年，已进入执行阶段的生态环境 PPP 项目投资对我国 GDP 的直接贡献率约为 3.2%，带动经济增长 0.2 个百分点；若入库的生态环境 PPP 项目全部进入执行阶段，项目投资对 GDP 的直接贡献率将为 7.1%，带动经济增长 0.5 个百分点。

未来，随着国家规范推进 PPP 项目实施，生态环境 PPP 项目发挥的作用将逐步回归初心，真正起到提升环境公共产品供给质量与效率的作用。PPP 项目绩效管理将不断强化，运营维护及其绩效考核日趋重视，绩效管理将成为生态环境 PPP 项目管理的重点。生态环境 PPP 项目推进的相关政策将进一步细化，在入库等环节更加加强实施效果对污染防治攻坚作用的贡献，对环境管理的支撑作用将不断加强。政府推出 PPP 项目的核心诉求逐渐从以融资为主转向以运营效果为主。突破 PPP 对纯政府付费的依赖，通过生态导向的开发（EOD）模式将政府付费转变为使用者付费或可行性缺口补助，将成为生态环境治理可持续和推进 PPP 模式实施的重要突破口，生态与产业融合的趋势日趋明显。

Executive Summary

Ecological environmental protection is a key area for China to implement the Public-Private Partnership (PPP) mode. Based on a lot of surveys on eco-environmental PPP projects and policy implementation tracking, this paper systematically analyzes the project pre-registration, market transactions, and implementation benefits and problems of eco-environmental PPPs in China since 2004, and studies and judges the development trend of eco-environmental PPPs. The main conclusions are as follows:

According to the project pre-registration situation, eco-environmental PPP projects are significantly affected by financial policy tightening, more strict criteria for PPP projects to be initiated and other policies. The number of pre-registered projects and the scale of investment dropped significantly in 2018, down 68.54% and 72.23% from that in 2017 respectively. There are more eco-environmental PPP projects in eastern, central and southwest China, which is basically of positive relevance with the local financial payment capacity and public service development level. The pre-registered eco-environmental PPP projects are mainly run by BOT (build-operate-transfer), and consider the investment return mechanism based on Viability Gap Funding (VGF) and Government Payment plus a low percentage of User Charges.

Seen from the market transactions, the eco-environmental PPP projects launched in 2017 are the largest in quantity and scale, followed by 2015 and 2016, and the contract volume of the projects launched in 2018 is relatively low. The scale of investment in comprehensive management PPP projects accounts for more than half of the total investment in eco-environmental PPP projects. According to the nature of the approved leading companies, the investment scale of state-owned enterprises and private enterprises accounts for 68.66% and 28.84% of the total contract value, respectively, and the physical volume of single projects of state-owned enterprises is significantly higher than that of private enterprises. Given that the investment in eco-environmental PPP projects is small in scale, the number of projects with an investment of less than 500 million Yuan accounts for 63.64% of the total number of contracted projects.

Seen from the implementation results, the implementation of eco-environmental PPP projects has accelerated China's progress in ecological environment management to a certain extent, especially in the field of municipal environmental infrastructure construction and comprehensive environmental management. About one third of the projects in the field of sewage and waste treatment were implemented by PPP mode. To some extent, the implementation of PPP mode has solved the outstanding contradiction between heavy pollution prevention and control task and insufficient investment, and will play an important role in promoting the implementation of action plans such as the treatment of urban black and odorous water bodies, the comprehensive treatment of Bohai Sea, the protection and restoration of the Yangtze River, and the treatment of agricultural and rural pollution. Calculated by national income method, from 2014 to 2018, the direct contribution rate of investments into eco-environmental PPP projects that have moved into the implementation phase to China's GDP is about 3.2%, driving the economic growth by 0.2%. If all the pre-registered eco-environmental PPP projects enter the implementation phase, the direct contribution rate of the project investment to GDP will be 7.1%, driving the economic growth by 0.5%.

In the future, along with the standardized implementation of PPP projects in China, the role of the eco-environmental PPPs will gradually return to its original intention, and will really improve the quality and efficiency of supply of environmental public goods. Performance management of PPP projects will be continuously strengthened, paying more attention to the operation & maintenance and performance evaluation, and it will become the key of management in terms of eco-environmental PPPs. Relevant policies for the promotion of eco-environmental PPP projects will be further refined, which will, at pre-registration and other links, further strengthen the contribution of the implementation effects to the role in tackling difficult problems in the field of pollution prevention and control and continuously bolster the environmental management. The core demands of the government to launch PPP projects are gradually changing from financing to operational effects. Breaking the PPP's dependence on pure government payment and transforming government payment into user charges or viability gap funding through ecology-oriented development (EOD) will serve as an important entry point to implement the sustainable ecological environment management and promote the implementation of PPP mode. The trend of ecology and industry integration is increasingly obvious.

前　言

环境保护是我国的一项基本国策，是政府基本公共服务的重要构成，也是推进政府和社会资本合作（Public-Private Partnership，PPP）的重要领域之一。2018 年 5 月，习近平总书记在全国生态环境保护大会上指出，要充分运用市场化手段，完善资源环境价格机制，采取多种方式支持 PPP 项目。生态环境领域实施 PPP 是深化投融资体制改革、实现生态环境多元共治的重要举措，有利于全面提升生态环境公共产品与服务的供给质量与效率，盘活存量资产，拓宽环保投融资渠道，是打好污染防治攻坚战、推进生态环境保护的必要保障，对推动实现生态环境保护目标和绿色发展目标具有重要而深远的意义。

生态环境部环境规划院环境 PPP 中心、财政部政府和社会资本合作中心在对大量生态环境 PPP 项目进行调研，以及相关政策文件出台与实施跟踪的基础上，系统评估了生态环境 PPP 最新进展情况，分析了实施成效与存在的问题，并研判了未来发展趋势，形成《中国生态环境 PPP 发展报告（2018）》，使之成为社会各界了解和研究我国生态环境 PPP 年度进展与相关政策的参考书，通过分享和交流，助推我国生态环境 PPP 研究与决策。

本书共分 6 章。第 1 章由辛璐、李文杰、谢方舟编写，第 2 章由卢静、吴禹兵、杜晓霏编写，第 3 章由辛璐、张戈、高军编写，第 4 章由赵云皓、徐顺青、刘双柳、徐毅编写，第 5 章由卢静、赵云皓、辛璐、徐志杰编写，第 6 章由徐志杰、王佳宁、宋玲玲、陈鹏编写，全书由赵云皓、辛璐统稿。在本书编写过程中，得到了生态环境部科技与财务司等管理部门领导的大力支持和指导，得到了生态环境部环境规划院环境 PPP 中心专家委员会专家的大力支持，也得到了生态环境部环境规划院陆军书记、王金南院长，以及财政部政府和社会资本合作中心焦小平主任等领导的大力支持，在此表示衷心的感谢！

希望本书的出版会对财政、生态环境有关政府部门管理人员、高校院所从事生态环境 PPP 研究的专家学者，以及有关专业的研究生提供参考。限于编写人员的能力水平，以及资料占有的局限性，报告的一些结论不可避免地会存在争议，希望诸位同仁一起多加探讨交流，恳请广大读者批评指正！

本书编委会

2019 年 3 月 21 日

目录

目录

目录

1

生态环境 PPP 政策分析

1.1 国家层面 PPP 政策概述

为推进政府和社会资本合作（Public-Private Partnership，PPP），加强对 PPP 的推广、规范和指导，2014 年以来，中共中央、国务院，以及财政部、国家发展改革委、生态环境部等陆续出台一系列 PPP 政策文件，现总结如下。

促进 PPP 实施发展。党的十八届三中全会要求全面深化改革，提出允许社会资本通过特许经营等方式参与城市基础设施投资和运营，鼓励社会资本投向农村、公共文化服务体系、生态环境保护等领域。《关于创新重点领域投融资机制鼓励社会投资的指导意见》（国发

〔2014〕60号）提出，在重点领域推进政府和社会资本合作，并明确了部门分工及其推行政策出台时间节点。《关于在公共服务领域推广政府和社会资本合作模式指导意见》（国办发〔2015〕42号）将PPP的适用领域从基础设施领域扩展至公共服务领域。财政部、国家发展改革委等11个部门积极推进PPP各项政策的制定与实施，包括“以奖代补”方式支持PPP示范项目加快实施、设立中国PPP基金、鼓励运用PPP模式盘活基础设施存量资产、鼓励PPP项目进行资产证券化、鼓励符合发行条件的PPP项目发行专项债券、鼓励保险资金投资符合要求的PPP项目等。《关于保持基础设施领域补短板力度的指导意见》（国办发〔2018〕101号）鼓励地方依法合规采用PPP模式等方式，撬动社会资本特别是民间投资投入补短板重大项目。

强化PPP规范实施。一是加强PPP项目操作流程管理。为了保证在基础设施和公共服务领域政府和社会资本合作项目的实施质量，进一步规范项目各环节操作流程，财政部、国家发展改革委先后印发了PPP模式操作指南、合同指南、政府采购管理办法、财承指引、工作导则等一系列规范性文件，对PPP实施流程、采购流程、合同管理、预算管理等进行了进一步规范。二是加强信息平台、项目库、专家库和机构库的规范管理。2015年，财政部开发建设了政府和社会资本合作综合信息平台，包括项目库、专家库、机构库和资料库等四大核心应用数据库，发挥了项目管理、交易撮合、信息服务三大功能，提升 PPP 管理透明度，并建立了“能进能出”的动态管理机制和黑名单制度，主动接受服务对象和社会各界监督，促进 PPP 项目咨询服务质量的提升，推动咨询服务市场秩序的建立。

防范 PPP 实施风险。2017 年以来，党中央、国务院要求将防风险放在突出重要位置，推动金融去杠杆。强化地方债务管理、规范地方政府融资行为、推动地方融资平台转型成为 PPP 规范管理的主线。财政部、国家发展改革委等部门出台了一系列政策文件，严禁地方政府通过 PPP、政府投资基金等方式违规变相举债。《关于规范政府和社会资本合作（PPP）综合信息平台项目库管理的通知》（财办金〔2017〕92 号）出台后，以 PPP 综合信息管理平台为抓手，严格规范新 PPP 项目入库标准，集中清理已入库不合规项目，一是审慎开展政府付费类项目；二是强化 PPP 项目绩效管理。此外，各部门针对中央企业 PPP 业务风险管控、金融企业对地方政府和国有企业投融、防范外债风险和地方债务、规范金融机构资产管理业务等方面制定了多项政策文件，进一步加强 PPP 项目规范管理，防范和化解风险。《财政部关于推进政府和社会资本合作规范发展的实施意见》（财金〔2019〕10

号）要求财政支出责任占比超过5%的地区，不得新上政府付费项目；对新上政府付费项目打捆、包装为少量使用者付费项目，项目内容无实质关联、使用者付费比例低于10%的，不予入库。

1.2 生态环境 PPP 推行政策

实施 PPP 是提高生态环境公共服务供给质量与效率的重要途径，是构建以政府为主导、企业为主体、社会组织和公众共同参与的环境治理体系的重要内容。习近平总书记在生态环境保护大会上提出充分运用市场化手段，完善资源环境价格机制，采取多种方式支持政府和社会资本合作项目。规范采取 PPP 模式是打好污染防治攻坚战的重要保障，也是提高资金使用效率的关键。

2015 年 4 月，财政部、环境保护部印发《关于推进水污染防治领域政府和社会资本合作（PPP）的实施意见》（财建〔2015〕90 号），针对水污染防治领域 PPP 特征，从范围界定、盈利机制、市场环境建设、资金支持、融资支持、绩效评价、咨询服务等方面，系统、全面、精准地呈现水污染防治领域 PPP 实施路线图。

2015 年 7 月，财政部、环境保护部联合印发的《关于印发水污染防治专项资金管理办法的通知》（财建〔2016〕864 号），确定水污染防治专项资金对采用 PPP 模式的项目予以倾斜支持。

2016 年 2 月，环境保护部、财政部联合印发的《关于开展水污染防治行动计划项目储备库建设的通知》（环规财〔2016〕17 号），鼓励入库项目积极创新投融资机制、遵循市场原则，积极引入社会资本，通过政府和社会资本合作（PPP）等模式推动重大项目建设。

2016 年 4 月，环境保护部印发的《关于积极发挥环境保护作用促进供给侧结构性改革的指导意见》（环大气〔2016〕45 号），提出中央财政专项资金、国家专项建设基金、开发性金融资金、中央拨付的各类环保资金等将优先支持环境保护 PPP 项目的实施。

2016 年 9 月，环境保护部、农业部和住房城乡建设部联合发布的《培育发展农业面源污染治理、农村污水垃圾处理市场主体方案》（环规财函〔2016〕195 号），提出鼓励有条件的地区开展整县（区）或区域一体化农业农村环境治理 PPP 项目。

2016 年 10 月，财政部印发的《关于在公共服务领域深入推进政府和社会资本合作工作的通知》（财金〔2016〕90 号），提出在垃圾处理、污水处理等公共服务领域，各地新建项目要“强制”应用 PPP 模式，中央财政将逐步减少并取消专项建设资金补助。

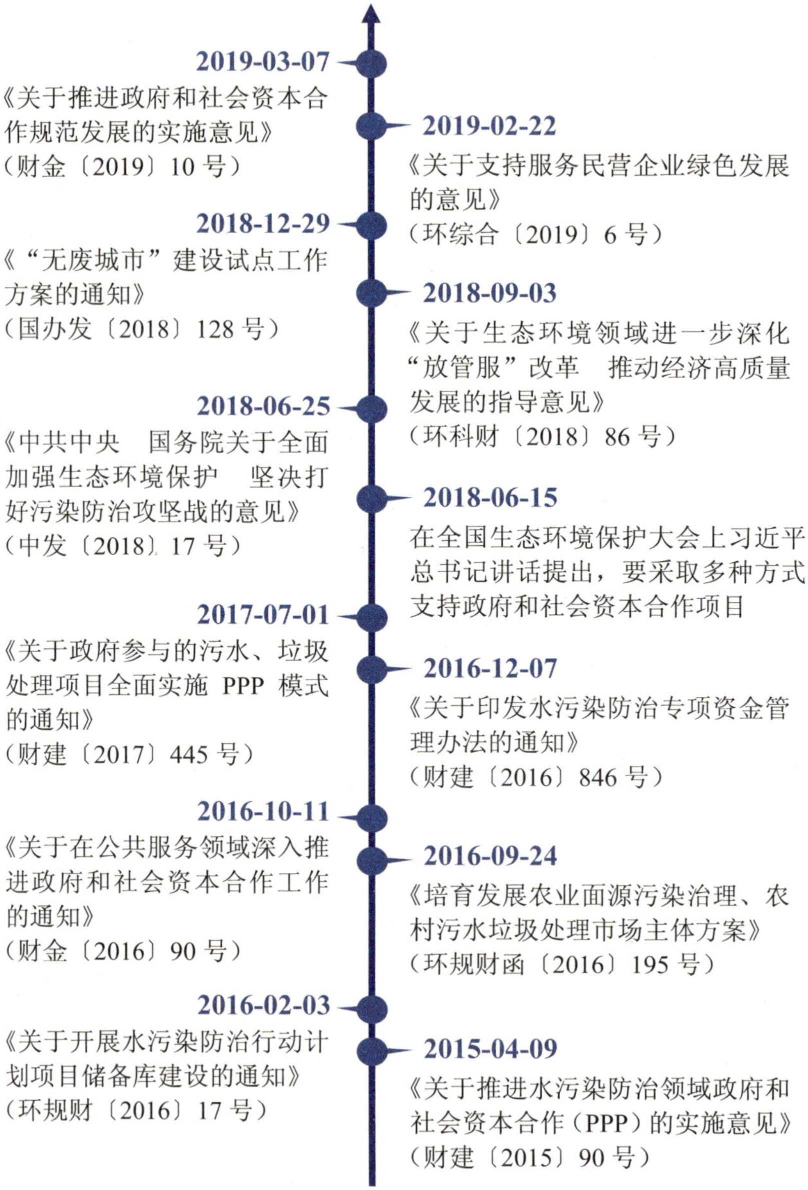

图 1-1　生态环境 PPP 主要政策文件发布时间轴

2017 年 7 月，财政部、住房城乡建设部、农业部和环境保护部联合发布的《关于政府参与的污水、垃圾处理项目全面实施 PPP 模式的通知》（财建〔2017〕455 号），提出符合全面实施 PPP 模式条件的各类污水、垃圾处理项目，政府参与的途径限于 PPP 模式，有序推进存量项目转型为 PPP 模式。

2018 年 9 月，生态环境部印发的《关于生态环境领域进一步深化“放管服”改革　推动经济高质量发展的指导意见》（环规财〔2018〕86 号），提出规范生态环境领域政府和社会资本合作（PPP）模式，加快出台“关于打好污染防治攻坚战 推进生态环境领域政府和社会资本合作的实施意见”，采取多种方式支持对实现污染防治攻坚战目标支撑作用强、生态环境效益显著的 PPP 项目。

2018 年 12 月，国务院办公厅印发的《“无废城市”建设试点工作方案的通知》（国办发〔2018〕128 号），提出以政府为责任主体，推动固体废物收集、利用与处置工程项目和设施建设运行，在不增加地方政府债务的前提下，依法合规探索采用第三方治理或政府和社会资本合作（PPP）等模式。

2019 年 2 月，生态环境部、全国工商联联合印发的《关于支持服务民营企业绿色发展的意见》（环综合〔2019〕6 号），提出积极推动生态环境领域政府和社会资本合作（PPP）模式。

2019 年 3 月，财政部印发的《关于推进政府和社会资本合作规范发展的实施意见》（财金〔2019〕10 号），要求财政支出责任占比超过 5%的地区，不得新上政府付费项目。按照“实质重于形式”原则，污水、垃圾处理等依照“收支两条线”管理，表现为政府付费形式的 PPP 项目除外。

2

生态环境 PPP 入库项目分析

2.1 入库总体情况

结合全国 PPP 综合信息平台项目管理库分类方法，本报告筛选了涉及生态环境治理的二级行业共有 7 类，分别为污水处理、垃圾发电、垃圾处理、生物质能、湿地保护、综合治理及其他。截至 2018 年年底，全国生态环境类 PPP 项目入库数量达 2 914 个，总投资规模达 1.84 万亿元，占入库项目总数和总投资的 33.67%和 13.94%。从入库项目发起时间看，2017 年项目数量和规模最大，2015 年和 2016 年次之。受金融政策收紧、PPP 项目入库更加严格规范等政策影响，2018 年入库项目数量和投资规模明显下降（图 2-1）。

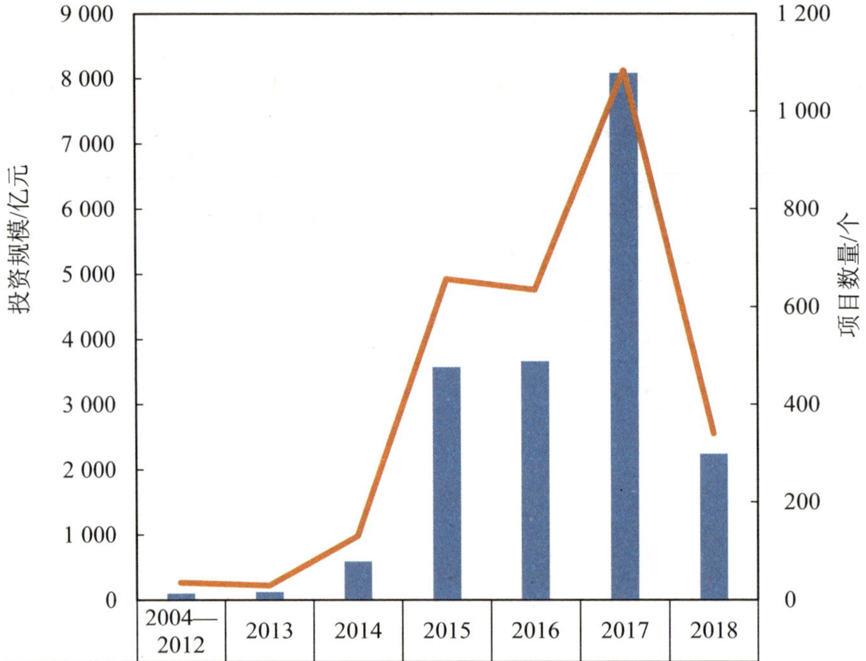

	2004—2012	2013	2014	2015	2016	2017	2018
投资规模	99.44	122.33	591.34	3570.36	3660.91	8086.62	2245.07
项目数量	36	30	131	657	635	1084	341

图 2-1　入库项目发起时间分布

注：2014 年前发起的 66 个项目采用 BOT、TOT、O&M、BOO 等模式，2014 年后规范为 PPP 模式，纳入 PPP 项目库管理。

2.2　细分领域分析

从项目数量来看，污水处理项目和综合治理项目最多，项目数量均在 800 个以上，投资规模达 4 000 亿元以上。垃圾处理、垃圾发电项目数量处于 100～450 个。湿地保护项目和生物质能项目较少，均在 100 个以下。污水处理、垃圾处理、垃圾发电等行业具有一定的收费和补贴机制，是推进 PPP 模式的重点领域，项目落地与实施较快（图 2-2）。

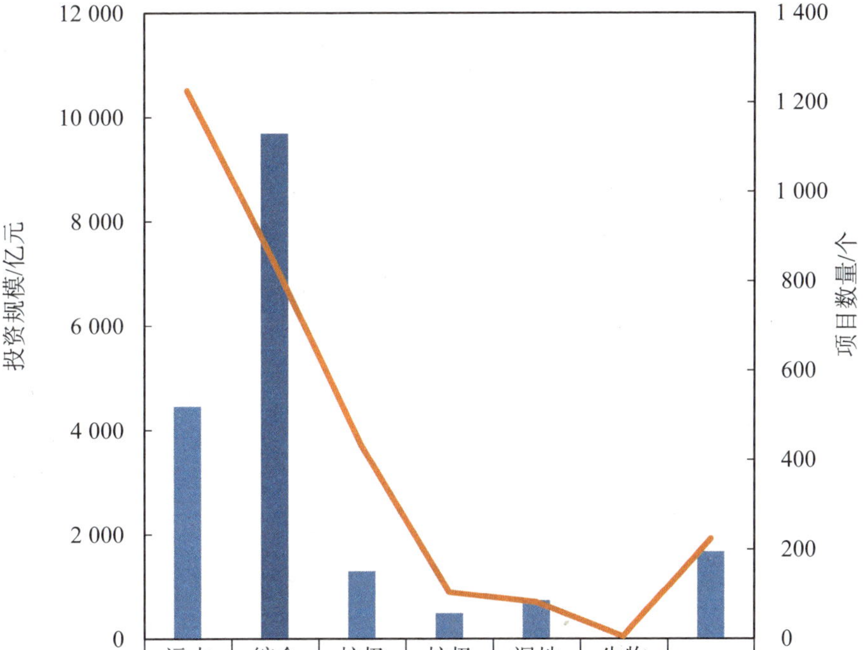

	污水处理	综合治理	垃圾处理	垃圾发电	湿地保护	生物质能	其他
投资规模	4460.61	9691.89	1305.49	492.08	737.68	13.16	1675.17
项目数量	1226	841	432	104	82	5	224

图 2-2　入库项目细分领域分布

2.3 区域布局分析

生态环境 PPP 入库项目的区域分布不均衡现象明显。从项目数量看，华东、华中、西南地区 PPP 模式项目数量较多，占比分别为 25.50%、19.42%、19.11%。东北、西北地区 PPP 项目数量较少，占比分别为 3.88%和 8.00%［图 2-3（a）］。从投资规模看，华东、华中、西南地区投资规模较大，分别占比为 25.92%、25.51%、18.52%。西北、东北地区投资规模较小，占比分别为 5.78%和 5.22%。总体来看，PPP 项目入库情况与所在地区财政支付能力和公共服务发展水平基本呈现正相关［图 2-3（b）］。

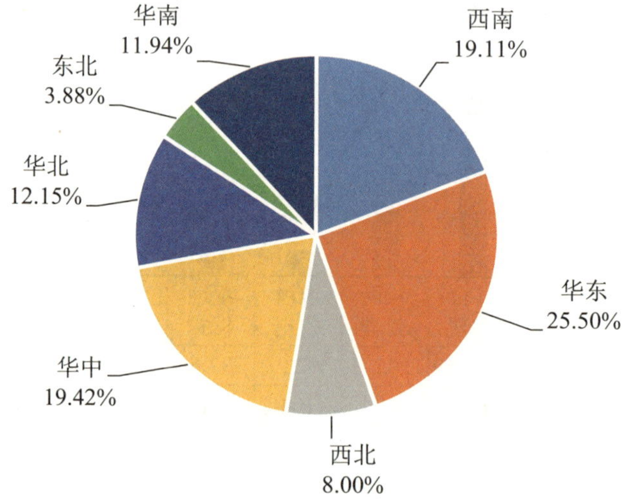

（a）项目数量分布

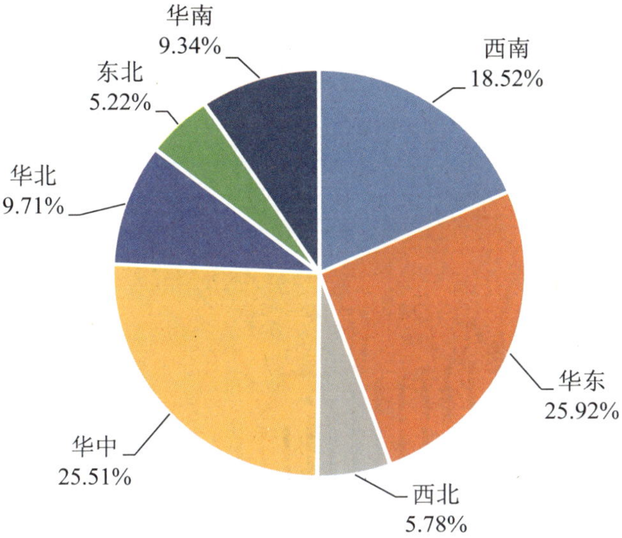

（b）投资规模分布

图 2-3　入库项目数量和投资规模的区域分布

在省份分布上，总投资规模超过 1 000 亿元的省份有河南省、湖北省、四川省、广东省、贵州省和山东省，以上 6 省 PPP 项目总投资规模占生态环境 PPP 总投资规模的 47.59%，项目数量占总数量的 44.76%。单个项目投资规模比较结果显示，吉林省项目平均规模较大，投资规模均值达到 17.48 亿元/个，其次是云南省、湖北省、上海市，分别为 10.18 亿元/个、9.32 亿元/个、9.27 亿元/个（图 2-4）。

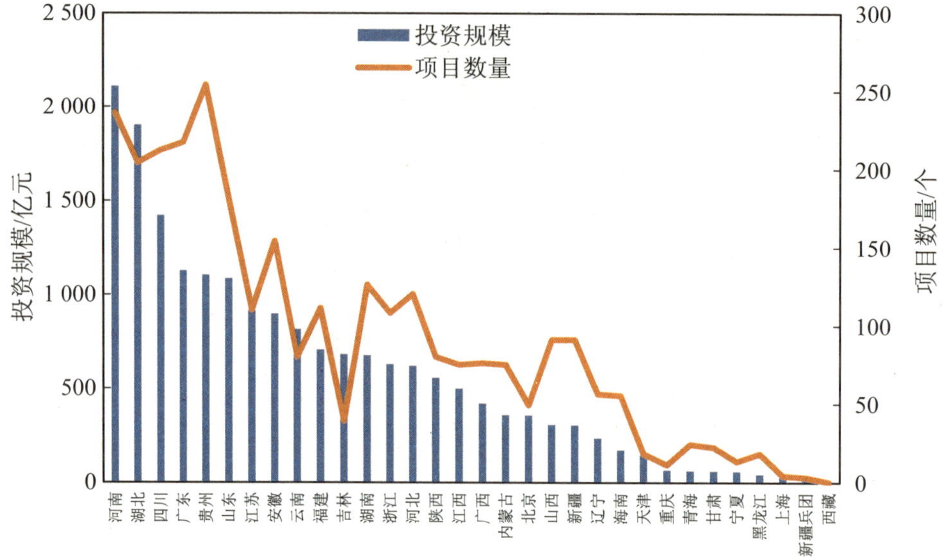

图 2-4　入库项目数量和规模的区域分布

2.4 阶段分布分析

生态环境 PPP 项目处于执行阶段的占比较高，项目数量和规模占比分别为 39.74%和 44.74%；识别阶段分别为 25.36%和 20.00%；准备阶段分别为 15.72%和 15.16%；采购阶段分别为 19.18%和 20.10%。随着环保督察和污染防治攻坚战工作的深入推进、生态环境 PPP 政策扶持力度的加大、项目融资环境与退出机制的不断完善，预计全国生态环境 PPP 入库项目将加快实施进度（图 2-5）。

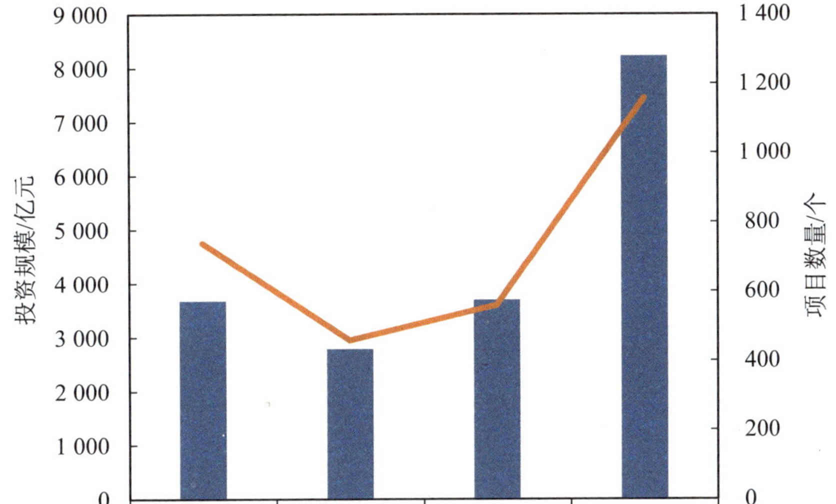

	识别阶段	准备阶段	采购阶段	执行阶段
投资规模	3674.96	2785.45	3694.37	8221.29
项目数量	739	458	559	1158

图 2-5 入库项目所处阶段分布

2.5 运作方式分析

生态环境 PPP 入库项目的运作方式主要为 BOT 模式，采用 BOT 模式运作的项目数量占入库项目总数的 72.61%，投资规模占 74.85%；采用 TOT+BOT 模式运作的项目数量占入库项目总数的 6.35%，投资规模占 6.42%；采用 TOT 模式运作的项目数量占入库项目总数的 4.26%，投资规模占 2.04%；采用 ROT 模式运作的项目数量占入库项目总数的 3.33%，投资规模占 1.40%；采用 BOO 模式运作的项目数量占入库项目总数的 1.72%，投资规模占 0.96%；采用 O&M 模式运作的项目数量占入库项目总数的 0.69%，投资规模占 0.24%；采用其他运作模式的项目数量占入库项目总数的 11.05%，投资规模占 14.09%（图 2-6）。

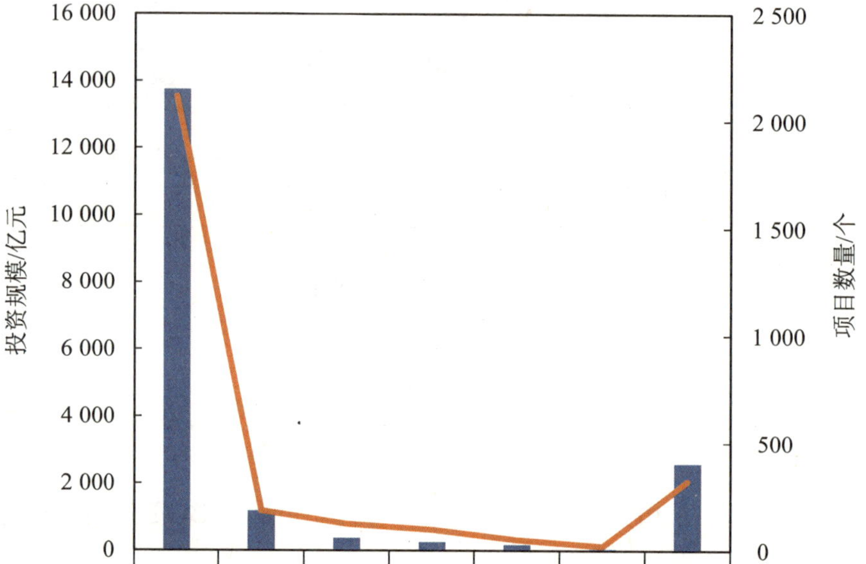

	BOT	TOT +BOT	TOT	ROT	BOO	O&M	其他
投资规模	13754.2	1179.63	373.99	257.20	176.57	44.84	2589.57
项目数量	2116	185	124	97	50	20	322

图 2-6　入库项目运作模式情况

2.6 回报机制分析

按照上述细分领域统计分析，污水、垃圾处理项目数量和投资规模最大，此类项目有一定的收费机制和财政资金的补助，因此可行性缺口补助的项目占比最高，项目数量和投资规模占比分别为 49.66%和 54.96%；其次是政府付费类项目，项目数量和投资规模占比分别为 38.13%和 39.37%；使用者付费类项目最少，项目数量和投资规模占比分别为 12.22%和 5.67%（图 2-7）。

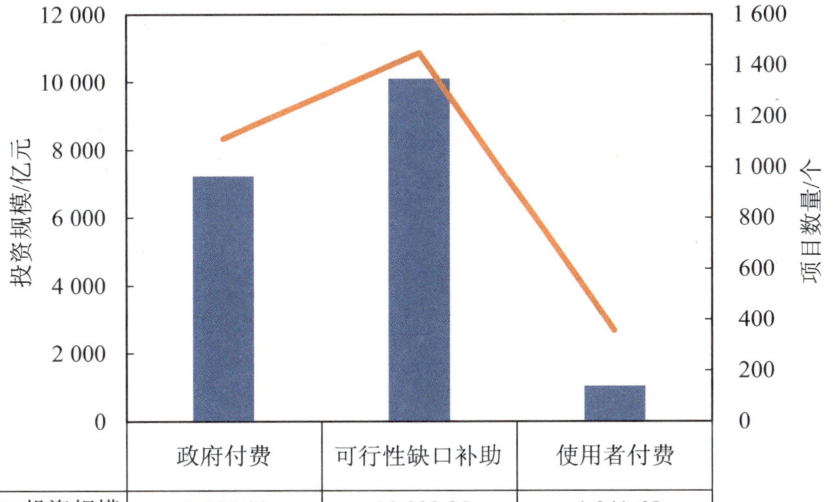

	政府付费	可行性缺口补助	使用者付费
投资规模	7 235.08	10 099.35	1 041.65
项目数量	1111	1447	356

图 2-7　入库项目回报机制情况

分年度入库项目的回报机制分析显示，近年来在生态环境 PPP 项目中使用者付费类项目的数量和规模逐渐下降；在化解地方债和防范化解金融政策影响下，纯政府付费类项目收紧。具体表现在 2018 年政府付费类项目数量与规模下降明显，可行性缺口补助类项目数量和规模占比最高，分别达到了 82.94%和 87.74%（图 2-8、图 2-9）。

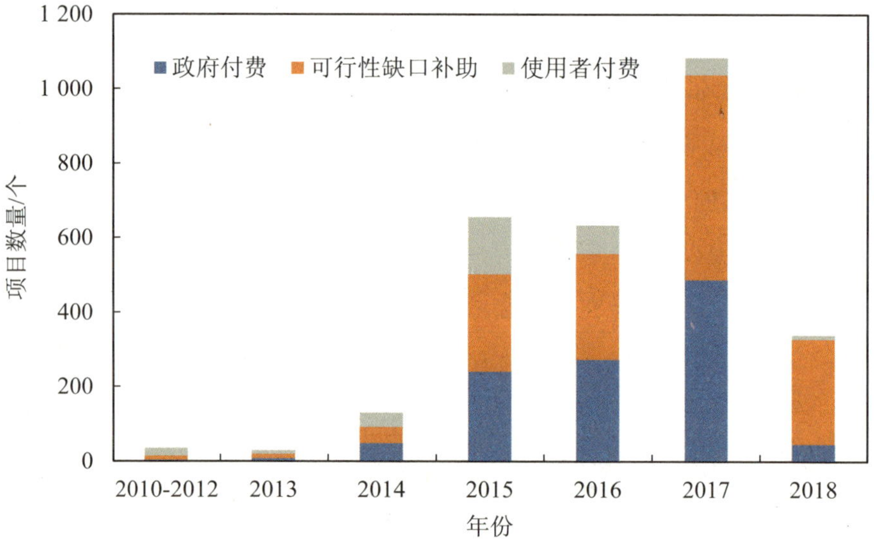

图 2-8　不同年度入库项目的回报机制情况

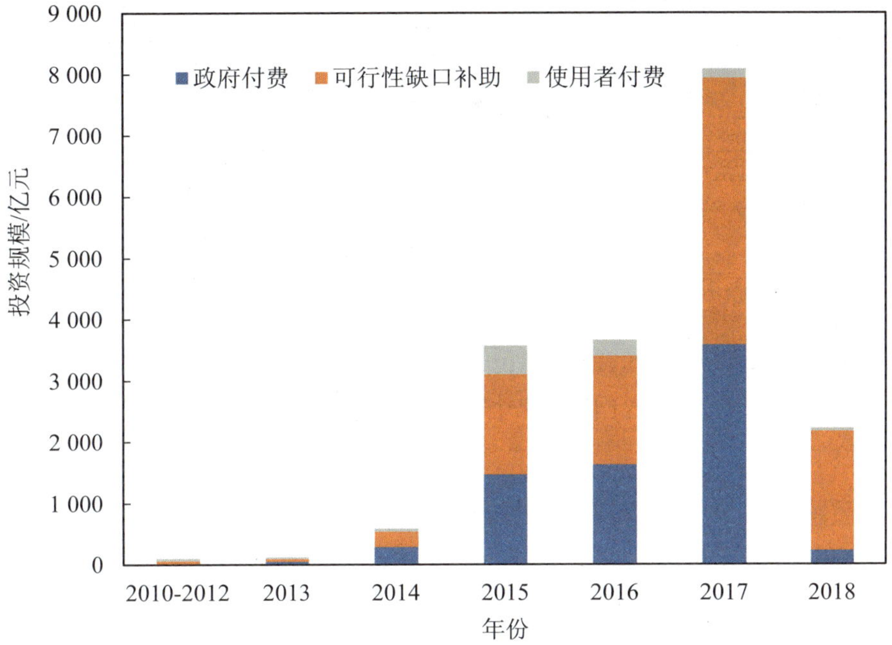

图 2-9　不同年度入库项目的回报机制情况

3

生态环境 PPP 市场交易分析

3.1 交易总体情况

截至 2018 年年底，全国生态环境 PPP 入库项目共成交 1 158 个，总投资规模达 8 221.29 亿元。在成交项目中，2017 年发起的项目数量最多、投资规模最大，2015 年、2016 年次之，与年度入库项目年度分布情况基本一致，说明 2015 —2017 年生态环境类 PPP 项目总体按计划推进情况较好；2018 年发起的项目成交量占比较低，除受 2018 年入库项目数量下降影响外，也受到项目实施放缓的影响（图 3-1）。

3.2 领域成交分析

从生态环境 PPP 项目细分领域成交情况来看，综合治理项目投资规模最大，占生态环境 PPP 项目投资总额的 56.74%，其次是污水处理项目，占 22.34%，垃圾处理、垃圾发电、湿地保护、生物质能类项目投资规模均偏小，分别占生态环境 PPP 项目投资总额的 6.39%、2.82%、2.67%和 0.13%（图 3-2）。

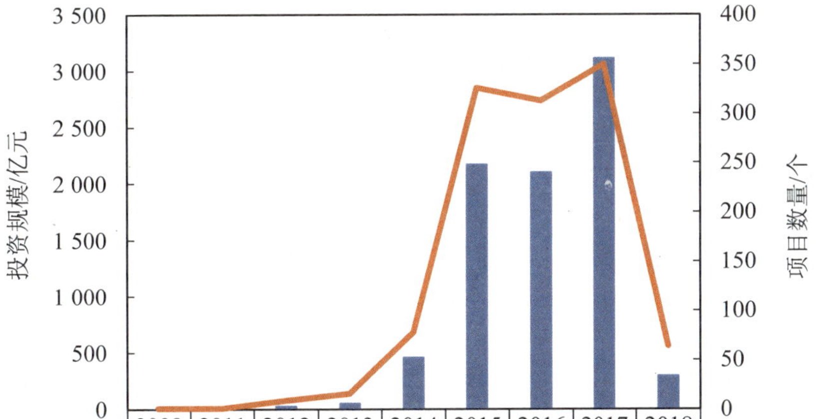

	2009	2011	2012	2013	2014	2015	2016	2017	2018
投资规模	0.36	2.98	26.67	52.74	458.3	2170.	2100.	3113.	295.0
项目数量	1	1	9	16	78	326	313	350	64

图 3-1　各年度生态环境 PPP 成交项目发起情况

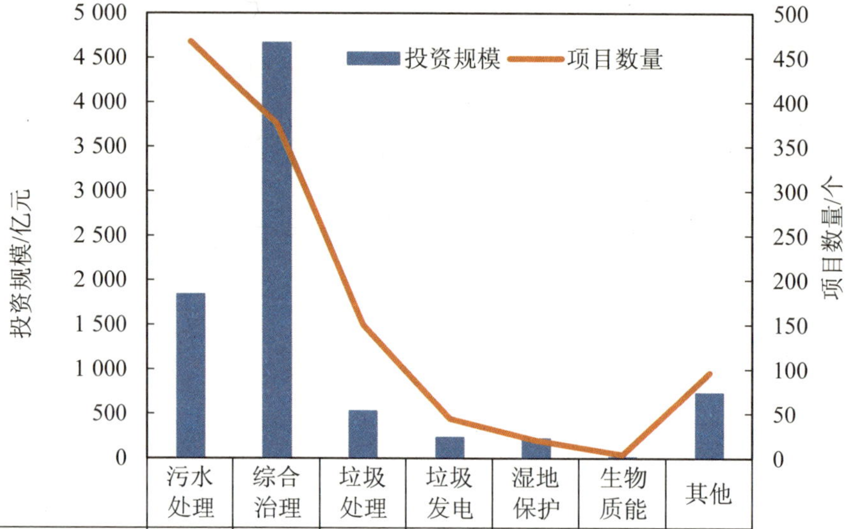

	污水处理	综合治理	垃圾处理	垃圾发电	湿地保护	生物质能	其他
投资规模	1 836.43	4 664.68	525.17	232.02	219.27	10.52	733.20
项目数量	468	376	150	44	20	4	96

图 3-2　生态环境 PPP 成交项目细分领域分布

3.3　区域成交分析

从生态环境 PPP 成交项目区域分布来看，华东、西南和华中的生态环境 PPP 项目成交规模较大、数量较多，项目投资规模占比分别约为 29.65%、24.89%和 21.13%，项目数量占比分别约为 31.61%、29.53%和 17.01%。项目总投资超过 500 亿元的省份为河南省、湖北省、广东省、安徽省和吉林省。单个项目投资规模比较结果显示，吉林省项目平均规模较大，投资规模均值达到 33.2 亿元/个，其次是上海市、北京市、天津市、湖北省和河南省，分别为 14.01 亿元/个、11.44 亿元/个、10.89 亿元/个、10.41 亿元/个和 10.34 亿元/个（图 3-3、图 3-4）。

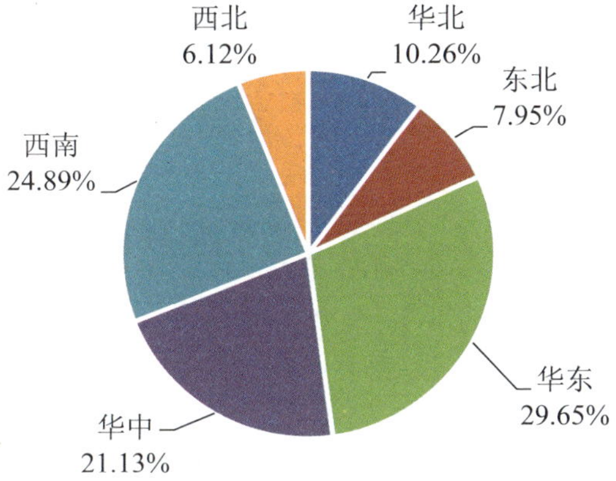

（a）投资规模分布

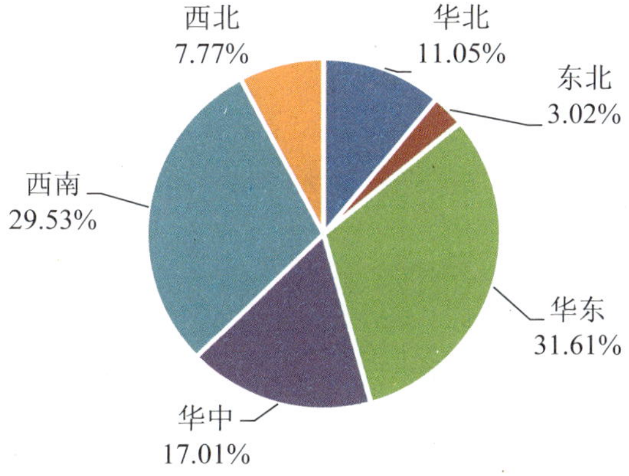

（b）成交数量分布

图 3-3　生态环境 PPP 项目成交数量和投资规模区域分布

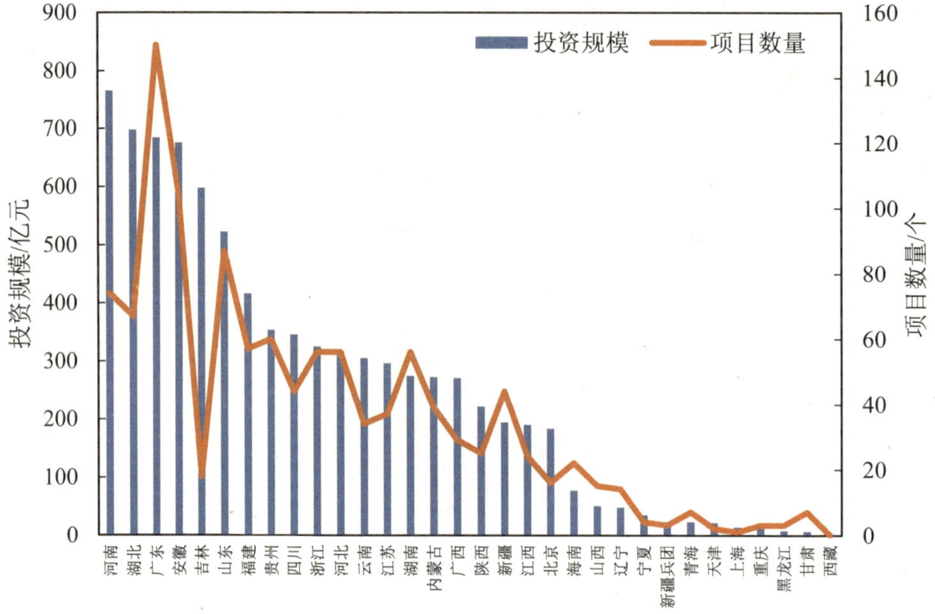

图 3-4　各省生态环境 PPP 项目成交数量和投资规模

3.4　社会资本分析

从中标牵头单位企业性质来看，生态环境 PPP 项目社会资本方中国有企业占比最高，中标项目投资规模达到 5 590.28 亿元，占总成交规模的 68.66%；项目数量为 585 个，占总成交数量的 51.23%。民营企业作为 PPP 市场的重要参与方，牵头承担项目的投资规模为 2 348.07 亿元，占总成交规模的 28.84%；项目数量 532 个，占总成交数量的 46.58%。国有企业单个项目的体量明显高于民营企业。外资企业成交项目规模和数量较少（图 3-5）。

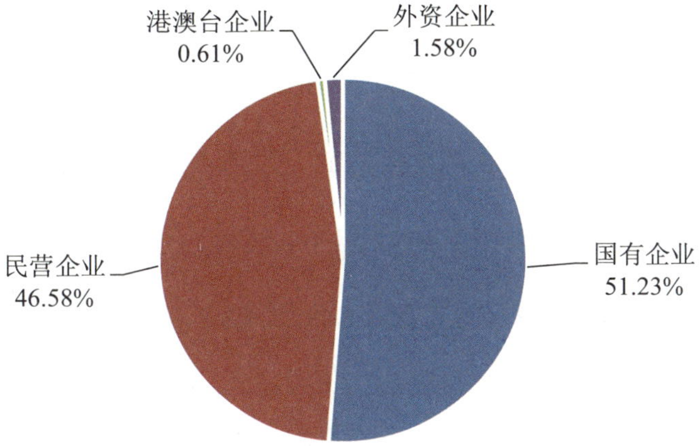

（a）社会资本数量分布

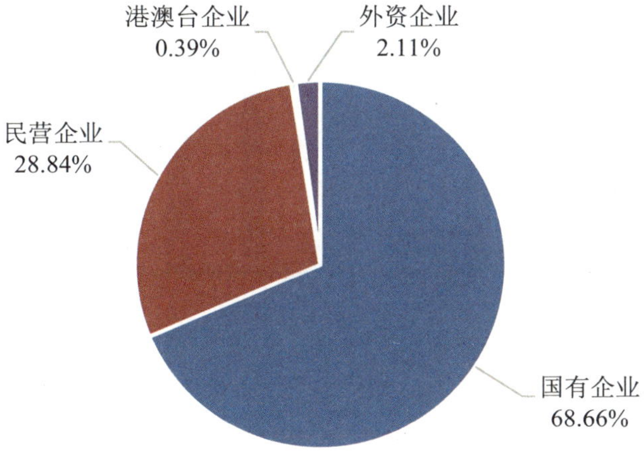

（b）投资规模分布

图 3-5　生态环境 PPP 成交项目社会资本数量和投资规模分布

截至 2018 年年底，牵头实施生态环境 PPP 项目的十大社会资本方为北控集团、东方园林、碧水源、东清水务、中电建、桑德控股、光大、首创、信开水环境（外企）、博天环境。其中，按照牵头单位企业性质划分，国有企业、民营企业、外资企业承担项目的数量分别占十大社会资本方承担项目总数的 64.56%、32.91%和 2.53%，投资规模占比为 61.43%、33.73%和 4.84%（图 3-6）。

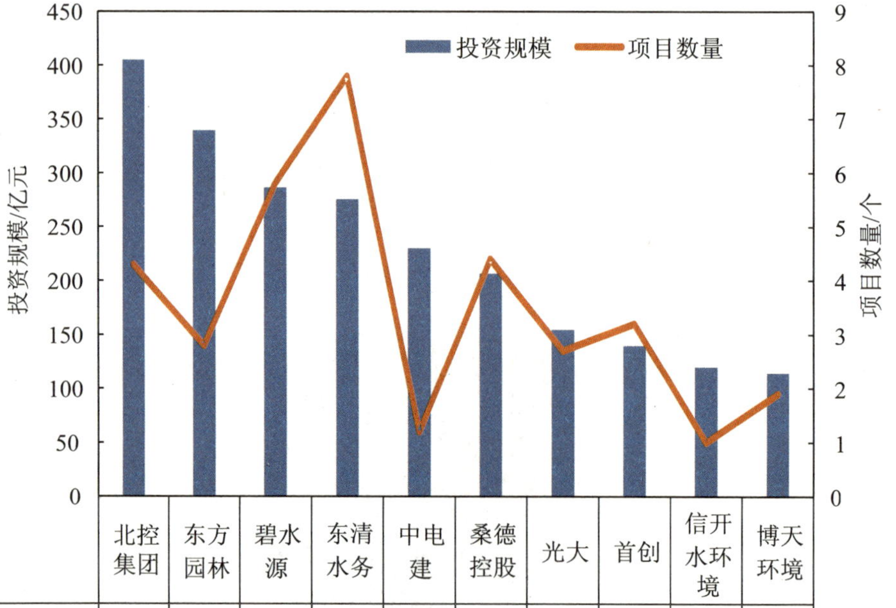

	北控集团	东方园林	碧水源	东清水务	中电建	桑德控股	光大	首创	信开水环境	博天环境
投资规模	405.169	339.465	286.572	275.76	230.084	206.622	154.748	139.865	119.971	114.203
项目数量	43	28	58	78	12	44	27	32	10	19

图 3-6　生态环境 PPP 成交项目十大社会资本方情况

3.5 项目要素分析

3.5.1 项目公司成立情况

截至 2018 年年底，生态环境 PPP 成立项目公司的项目数量 929 个，项目总投资规模 6 376.59 亿元，分别占成交项目的 80.22%和 77.56%。从区域分布来看，广东省、安徽省、山东省、河南省等省项目公司数量较多（图 3-7）。

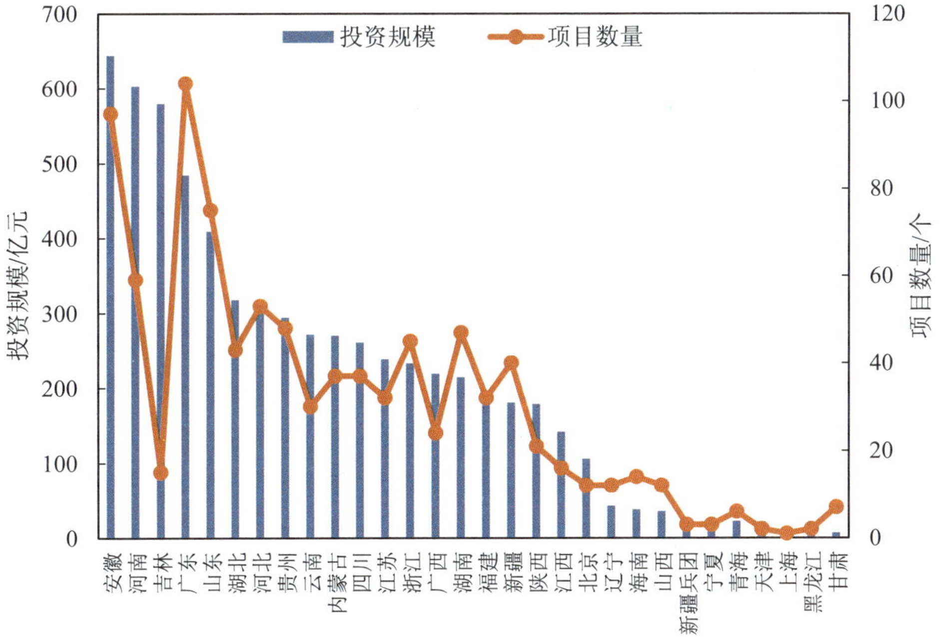

图 3-7 生态环境 PPP 成交项目 SPV 公司分布情况

3.5.2 投资规模分布

生态环境 PPP 项目成交项目投资规模偏小，主要为小于 20 亿元的项目，其数量占成交项目总量的 92.40%。其中，小于 5 亿元的项目数量占成交项目总数的 63.64%；大于等于 5 亿元小于 10 亿元的项目数量占成交项目总数的 17.88%；大于等于 10 亿元小于 20 亿元的项目数量占成交项目总数的 10.88%（图 3-8）。

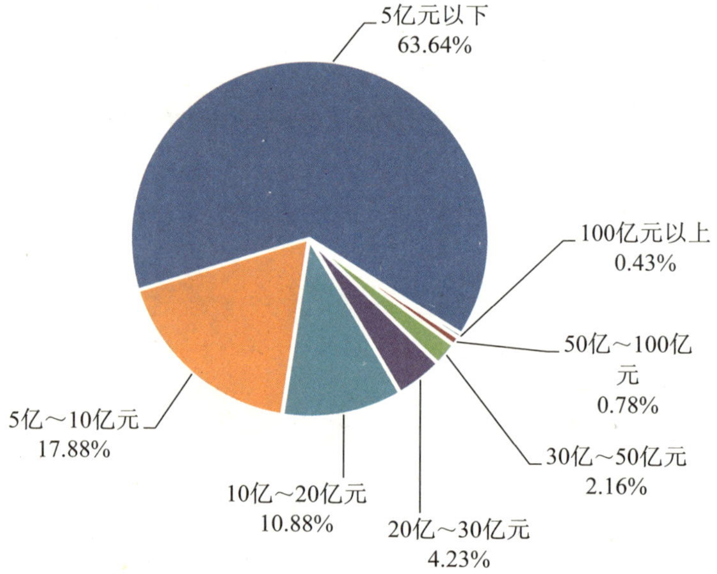

图 3-8 生态环境 PPP 成交项目投资规模分布情况

3.5.3 运作方式

截至 2018 年年底，生态环境领域成交的 PPP 项目中有 803 个项目采用 BOT 运作模式，项目投资规模达到 6 034.14 亿元，项目数量和投资规模分别占成交项目总数量和总投资规模的 69.34%和 73.40%；采用 TOT+BOT 模式的分别占 8.29%和 7.47%；采用 TOT 模式的分别占 4.84%和 2.32%。采用 ROT 模式的分别占 3.71%和 1.35%；采用 BOO 模式的分别占 1.47%和 1.19%；采用 O&M 模式的分别占 0.26%和 0.05%（图 3-9）。

3.5.4 回报机制

截至 2018 年年底，生态环境领域 PPP 成交项目中，政府付费项目数量和投资规模分别占成交项目总数量和总投资规模的 46.63%和 52.42%；可行性缺口补助项目数量和投资规模分别占 46.37%和 43.81%。使用者付费类项目较少，数量和投资规模分别仅占 6.99%和 3.76%。2018 年受审慎开展政府付费项目的政策影响，成交的纯政府付费项目数量大幅降低，仅为 2 个，占年度成交项目总数量的 0.32%，而 2017 年成交数量为 200 个，占总数量的 57.14%（图

3-10）。

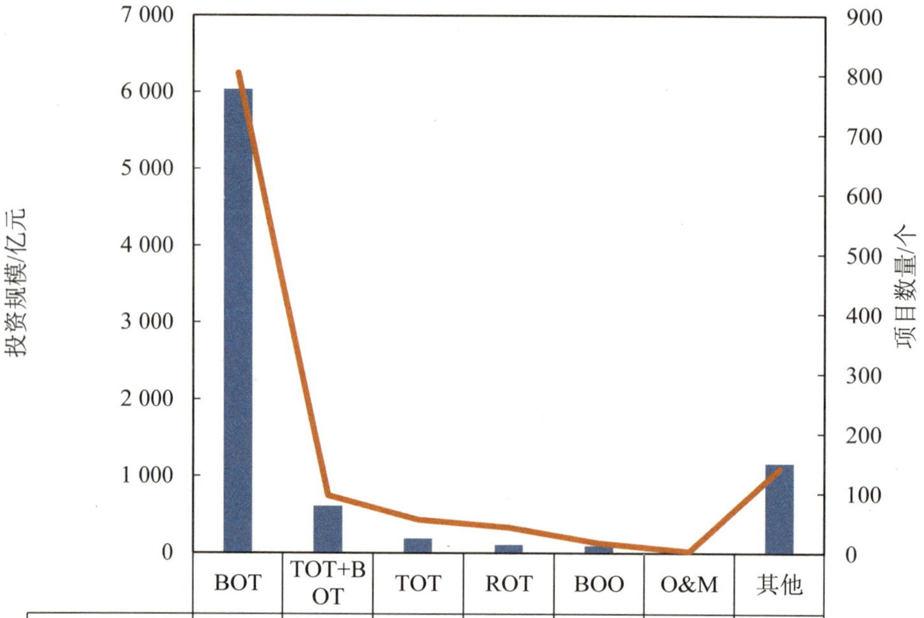

	BOT	TOT+BOT	TOT	ROT	BOO	O&M	其他
投资规模	6034.14	614.45	190.72	110.80	97.42	4.15	1169.60
项目数量	803	96	56	43	17	3	141

图 3-9　生态环境 PPP 成交项目运作方式

3.5.5　十大项目

截至 2018 年年底，成交规模较大的生态环境 PPP 项目主要为综合治理类，均由政府方发起，大部分为政府付费项目，采用 BOT 模式，项目主要分布在吉林省、湖北省、安徽省、内蒙古自治区、江苏省、河南省和北京市等，其中有 7 个项目发起时间为 2017 年（表 3-1）。

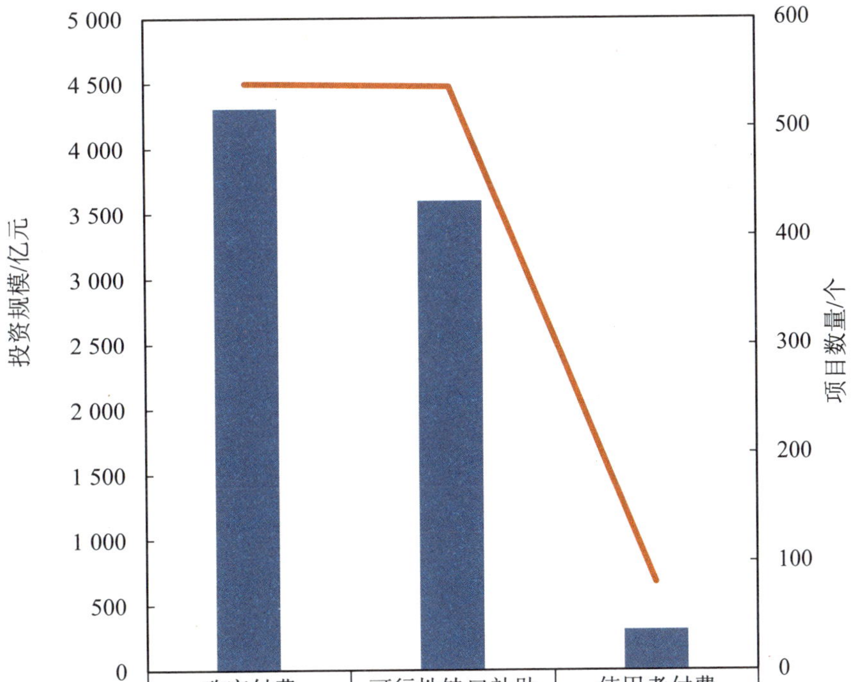

	政府付费	可行性缺口补助	使用者付费
投资规模	4309.55	3602.36	309.38
项目数量	540	537	81

图 3-10　入管理库生态环境 PPP 成交项目回报机制

表3-1 “十大”入管理库生态环境PPP项目

项目名称	项目总投资/亿元	拟合作期限	项目运作方式	回报机制	项目发起时间	省份	采购社会资本方式的选择
长春市百里伊通河水系生态治理工程PPP项目	268.99	30	BOT	政府付费	2017-08-10	吉林省	公开招标
长春市伊通河流域水环境综合治理工程PPP项目	199.76	30	BOT	政府付费	2017-08-10	吉林省	公开招标
武汉经济技术开发区（汉南区）“四水共治”PPP项目	138.91	20	BOT	政府付费	2017-06-30	湖北省	竞争性磋商
安徽省阜阳市城区水系综合整治（含黑臭水体治理）PPP项目	132.00	18	BOT	政府付费	2015-12-31	安徽省	公开招标
湖北省武汉市硚口区汉江湾生态综合治理PPP项目	124.47	20	BOT	可行性缺口补助	2017-06-22	湖北省	竞争性磋商
内蒙古包头市城市水生态提升综合利用PPP项目	74.73	30	其他	政府付费	2017-01-17	内蒙古自治区	竞争性谈判
长春市新凯河水系综合治理工程PPP项目	69.12	30	BOT	政府付费	2017-08-11	吉林省	公开招标

项目名称	项目总投资/亿元	拟合作期限	项目运作方式	回报机制	项目发起时间	省份	采购社会资本方式的选择
江苏省南京市浦口区桥北地区河道及防涝设施综合整治工程项目	64.57	13	BOT	政府付费	2016-10-10	江苏省	公开招标
郑州市贾鲁河综合治理生态绿化工程 PPP 项目	64.10	15	BOT	可行性缺口补助	2017-11-02	河南省	公开招标
北京市通州区通州·北京城市副中心水环境治理（两河片区）PPP 建设项目	52.50	25	BOT	政府付费	2016-05-17	北京市	竞争性磋商

4 生态环境 PPP 实施成效

4.1 一定程度上加快了生态环境治理进程

截至 2018 年年底，采用 PPP 模式进入执行阶段的生态环境项目共计 1 158 个，总投资 8 821.29 亿元，一定程度上加快了我国生态环境治理进程，尤其在市政环保基础设施建设和环境综合治理领域。根据项目计划开发年度数据显示，2016 年采用 PPP 模式实施的排水及污水处理项目总投资 595.75 亿元，占当年全国同类项目总投资①的 34.54%；市容环境卫生及垃圾处理项目总投资 243.28 亿元，占当年全国同类项目总投资的 32.85%。2017 年采用 PPP 模式实施的排水及

① 数据来源：中国城乡建设统计年鉴 2017。

污水处理项目总投资 565.25 亿元，占当年全国同类项目总投资的 32.25%；市容环境卫生及垃圾处理项目总投资 186.83 亿元，占当年全国同类项目总投资的 7.20%。总体上，近年来污水、垃圾处理领域 1/3 左右的项目是采用 PPP 模式实施的。

4.2 有效支撑了我国的生态环境保护战略

围绕污染防治攻坚战，生态环境 PPP 实施的项目主要支持了城市黑臭水体治理、渤海综合治理、长江保护修复、农业农村污染治理等。截至 2018 年年底，PPP 管理库入库项目中，长江保护修复相关项目数量达 1 246 个，总投资 8 129.85 亿元，占入库项目总数量和投资的 42.76%和 44.18%。其中已落地实施的项目 458 个，总投资 3 192.16 亿元，占入库项目总数量和投资的 39.55%和 36.19%。余下大批入库项目的陆续实施，将极大地推动长江保护修复工作。渤海综合治理相关项目数量达 93 个，总投资 522.45 亿元，其中已落地实施的项目 87 个，总投资 493.30 亿元。全国水环境治理相关项目数量 2 373 个，总投资 16 565.34 亿元，其中已落地实施的项目 960 个，总投资 7 453.58 亿元，该金额达到了黑臭水体整治 36 个重点城市累计投资的 6.5 倍[1]。

4.3 促进形成了生态环境多元共治的格局

党的十九大明确指出“构建以政府为主导、企业为主体、社会组织和公众共同参与的环境治理体系”。新时期做好生态环境保护需要全社会共同参与。多元生态环境治理体系是政府、市场与社会多元主体基于共同的生态环境治理目标进行权责分配，采取管制、分工、合作、协商等方式持续互动对生态环境进行治理所形成的体系，是治理体系总体上、全方位、多方面的升华。生态环境领域推行 PPP 是实现多元共治的有效途径。截至 2018 年年底，参与生态环境 PPP 项目的企业总数量达到 984 个（包含中标联合体非牵头单位），其中国有、民营独资或控股企业占比为 41.7% 和 50.3%。

4.4 阶段性地取得了较好的社会经济效益

截至 2018 年年底，生态环境 PPP 成立项目公司共计 929 个，对促进地方经济发展、带动就业发挥了一定的作用。采用国民收入法

① 数据来源：生态环境部召开的 2 月例行新闻发布会信息。

测算，2014—2018 年，已进入执行阶段的生态环境 PPP 项目投资对我国 GDP 的直接贡献率约为 3.2%，带动经济增长 0.2 个百分点；若入库的生态环境 PPP 项目全部进入执行阶段，项目投资对 GDP 的直接贡献率将为 7.1%，带动经济增长 0.5 个百分点。

5

存在的主要问题

在财政部、生态环境部等部门的积极推动和政策引导下，生态环境 PPP 得到较快发展，为我国生态环境污染治理带来了诸多积极效应，在实践中积累了不少成功经验，但同时也暴露出一些问题。

5.1 对 PPP 理念内涵认识不到位

PPP 是公共服务供给和项目组织管理模式的创新。PPP 核心内涵在于有效积聚整合各方面的优势资源，构建有弹性的激励相容的公共治理机制，通过诸多不同利益诉求的相关方长达几十年的持续博弈，各方合力同心、尽力而为、量力而行、按贡献和绩效取酬，实现公共基础设施项目全生命周期综合效能的最优化。项目实践中，政府、社会资本等各参与方往往片面理解 PPP 核心内涵，推行过程中背离了 PPP 的核心理念，出发点常常偏离生态环境 PPP 项目治理效果长期持续最佳、项目全生命周期综合效能最优的目标，导致生态治理 PPP 项目在提升生态环境公共产品与服务的供给能力和效率方面的作用难以有效发挥。

一方面，政府大多仅关注项目融资与建设，忽视考核、监管与履约。为满足生态环境治理需要、缓解短期财政支出压力，很多地方政府将 PPP 作为替代传统融资平台、争取国家政策支持的一种手段，片面发挥其融资功能，并忽视了对社会资本进行有效的考核和约束；部分地方政府甚至违背契约，不按时不足额支付费用，对生态环境 PPP 项目后续的实施与推广带来恶劣影响。

另一方面，社会资本一般仅注重投资回报，忽视工程质量与运维服务。生态环境 PPP 项目具有较强的公益性质，受政策影响大、项目收益较低，而社会资本偏好政策风险小、投资收益高、回报周期短的项目。在对社会资本监督约束机制不健全的情况下，项目实施中难免出现压缩工程建设投资、降低运营维护标准，项目实施后的环境效果难以保障。

5.2 受宏观经济政策变化影响大

生态环境项目本身具有公益性和利他性特点，较易受宏观政策影响。当前，我国正处在发展关键期、改革攻坚期、矛盾凸显期，投融资政策调整力度大，对生态环境 PPP 项目的落地与实施带来直接影响。《关于规范政府和社会资本合作（PPP）综合信息平台项目库管理的通知》（财办金〔2017〕92 号）的实施，加强了 PPP 项目的规范化运行，对于一些不符合规范或不适合使用 PPP 方式实施的项目进行了清理，退库原因包括：资本金未足额缴纳、以债务性资金充当资本金、项目付费与绩效考核结果挂钩不足、固化政府支出责任等问题。清库引发政府方、社会资本、金融机构等生态环境 PPP 各参与方处于观望态度，暂缓推进项目实施。同时，生态治理项目往往公益性较强，多以政府付费为主，投资回报率不高。在化解地方债、防范金融风险的背景下，政府付费项目不断收紧压缩、金融机构贷款条件加严，加剧了生态治理 PPP 项目落地难。

5.3 环境绩效考核体系尚不健全

目前，生态环境 PPP 项目绩效指标设置过于强化项目的过程管理，缺乏生态环境保护项目特征指标、运营维护的结果导向不明等问题较为普遍，与当前环境质量改善为核心的考核管理要求不适应。如某环卫项目中绩效考核路面清扫时长、洒水频次等，并对过程性管理指标设置较高的权重，对运营维护和服务质量的指标没有在绩效考核体系中得到足够的体现。此外，部分项目未明确与治理效果挂钩，或与治理效果挂钩的比例不足，如四川省某城市生活垃圾焚烧发电项目，合同文本中未设置绩效考核相关内容，难以对社会资本形成约束。

5.4 对环保目标的支撑有待加强

生态环境 PPP 项目主要集中在具备稳定收费机制的污水处理、垃圾处理等领域，在湿地保护、矿山治理、生态修复等缺乏稳定收益机制的生态环境治理重点领域应用较少，不能全面支撑我国生态环境保护战略。此外，个别地方政府不考虑项目实施对生态环境保护目标的支撑作用，如把绿化工程、景观工程、堤岸建设、防洪工程、道路修建等包装成生态环境 PPP 项目，涉及生态环境治理的建设内容极少，不能达到生态环境质量改善的预期效果。

5.5 政策支持力度与针对性不够

当前制定出台的生态环境 PPP 相关文件中，以鼓励性、规范性政策为主，支持性政策不具体、不落地。为推进 PPP 项目实施，国家及地方在相关文件中制定了财政、金融、收费、价格、土地、市场规范等方面的引导扶持政策。除对 PPP 示范项目奖励等政策外，落地且真正发挥效果的政策普遍较少。如现有专项资金使用政策方式固化，我国传统的财政环保专项支出方式以“前补助”为主，重点支持项目先期建设阶段的固定资产投资，难为生态环境 PPP 后续运营维护提供持续的资金支持。

6

生态环境 PPP 发展趋势

6.1 PPP 将得到理性客观认识

自 2014 年国家层面密集出台 PPP 相关政策以来，各地积极推进 PPP 项目实施。然而，地方政府过于重视融资和争取国家支持政策，将其视作传统融资平台的替代和争取国家政策支持的手段，而忽视其对政府管理方式创新和提升环境公共产品供给效率的作用。这也是造成东南部经济发达地区 PPP 推进的意愿低于中西部地区、PPP 项目分布区域不均衡的因素之一。随着国家不断强化引导、规范推进 PPP 项目实施，生态环境 PPP 发挥的作用将逐步回归初心，起到真正提升环境公共产品供给效率的作用。

6.2 PPP 项目绩效管理将不断完善

为了保证基础设施和公共服务领域政府和社会资本合作项目实施质量，近年来，国家层面不断加强 PPP 项目操作流程管理，财政部、国家发展改革委先后印发了 PPP 模式操作指南、合同指南、政府采购管理办法、财承指引等一系列规范性文件；规范信息平台、项目库、专家库和机构库管理；强化地方债务管理，规范地方政府融资行为等。随着 PPP 管理的不断深入，绩效管理成为 PPP 规范发展的有力抓手。《关于规范政府和社会资本合作（PPP）综合信息平台项目库管理的通知》（财办金〔2017〕92 号）明确提出，严格新项目入库标准，未建立按效付费机制的项目严禁入库；不低于 30% 建设的投资要与运营绩效挂钩。《关于推进政府和社会资本合作规范发展的实施意见》（财金〔2019〕10 号）指出，要建立完全与项目产出绩效相挂钩的付费机制，不得通过降低考核标准等方式，提前锁定、固化政府支出责任。持续改善生态环境是生态环境 PPP 项目的核心目标，生态环境 PPP 项目必须重视运营维护及其绩效考核，绩效管理将成为生态环境 PPP 管理的重点。

6.3 生态环境 PPP 特性政策将有所强化

近几年来，国家层面密集出台数十项 PPP 相关政策，这些政策是向所有领域 PPP 项目提出的共性要求。随着 PPP 项目的进一步深入，针对不同领域特性需求的政策文件得到出台和实施。涉及生态环境保护领域的主要包括《关于推进水污染防治领域政府和社会资本合作的实施意见》（财建〔2015〕90 号）、《关于政府参与的污水、垃圾处理项目全面实施 PPP 模式的通知》（财建〔2017〕455 号）等。2018 年 9 月，生态环境部印发《关于生态环境领域进一步深化“放管服”改革，推动经济高质量发展的指导意见》（环规财〔2018〕86 号），提出规范生态环境领域政府和社会资本合作（PPP）模式，加快出台“关于打好污染防治攻坚战　推进生态环境领域政府和社会资本合作的实施意见”，采取多种方式支持对实现污染防治攻坚战目标支撑作用强、生态环境效益显著的 PPP 项目。未来，生态环境 PPP 项目推进的相关政策将进一步细化，在入库等环节更加强化实施效果对污染防治攻坚作用的贡献，将不断加强对环境管理的支撑作用。

6.4 重运营的多种模式将得到鼓励

PPP 项目有长达 10～30 年的运营期，从建设到运营维护是成本大量投入到逐步收回的阶段，做好后期的运营和管理往往是 PPP 双赢的关键，因此，未来政府推出 PPP 项目的核心诉求应逐渐从融资转向运营。在这种背景下，注重建设运营一体化的模式得到重视，如 DBO（Design-Build-Operate 设计—建设—运营）等模式，政府在选择社会资本方时会把对方的运营能力作为重要的考察标准。未来的环境工程项目依然会是多种模式并行实施，不同地区可依据当地社会经济发展水平和项目特点等实际情况选择适宜的项目运作模式，并根据各地的中长期财政规划和项目全生命周期内的财政支出，对项目进行财政承受能力的论证来防控风险。

6.5 生态与产业融合将成为新趋势

《关于推进政府和社会资本合作规范发展的实施意见》（财金〔2019〕10 号）要求对新上政府付费项目打捆、包装为少量使用者付费项目，项目内容无实质关联、使用者付费比例低于 10%的，不予入库。目前，生态环境 PPP 项目采用政府付费或者政府补助的项目总数占入库项目数的 88%，将政府付费或补助转变为使用者付费或者收益反哺，突破 PPP 对纯政府付费或补助的依赖，成为生态环境治理可持续的重要突破口。2018 年 9 月，生态环境部印发的《关于生态环境领域进一步深化“放管服”改革　推动经济高质量发展的指导意见》（环规财〔2018〕86 号）提出，探索开展生态环境导向的城市开发（EOD）模式，推进生态环境治理与生态旅游、城镇开发等产业融合发展，在不同领域打造标杆示范项目。未来，找寻经济发展与环境保护之间的平衡点，把环境资源转化为发展资源、把生态优势转化为经济优势，采取产业链延伸、联合经营、组合开发等方式，将公益性较强、没有直接收益但外部收益性较好的生态环境治理项目与有收益的产业融合，实现溢价增值部分对生态环境保护投入的反哺，解决环保公益性项目财政投入不足的突出问题，生态环境导向的开发模式将逐步得到加强。

附 件

2014—2018 年 PPP 主要规范实施政策

序号	政策名称	文号	部门	成文时间	主要内容
一、大力推行政府和社会资本合作					
1	关于创新重点领域投融资机制鼓励社会投资的指导意见	国发〔2014〕60 号	国务院	2014 年 9 月 26 日	在公共服务、资源环境、生态保护、基础设施等领域，积极推广政府与社会资本合作（PPP）模式，创新投资运营机制，积极扩大社会资本投资途径
2	关于在公共服务领域推广政府和社会资本合作模式指导意见	国办发〔2015〕42 号	财政部 国家发展改革委 人民银行	2015 年 5 月 19 日	明确了能源、交通运输、水利、环境保护、农业、林业、科技、保障性安居工程、医疗、卫生、养老、教育、文化等公共服务领域推广 PPP 模式的工作要求

序号	政策名称	文号	部门	成文时间	主要内容
3	关于加快运用PPP模式盘活基础设施存量资产有关工作的通知	发改投资〔2017〕1266号	国家发展改革委	2017年7月3日	分类实施，规范有序盘活基础设施存量资产，对存量资产转让后回收的资金用途做明确规定
4	关于推广运用政府和社会资本合作模式有关问题的通知	财金〔2014〕76号	财政部	2014年9月23日	在城市供水、供暖、供气、污水和垃圾处理、保障性安居工程、地下综合管廊、轨道交通、医疗和养老服务设施等城市基础设施及公共服务领域开展项目示范工作
二、强化PPP过程管理					
5	政府和社会资本合作模式操作指南（试行）的通知	财金〔2014〕113号	财政部	2014年11月29日	对项目识别、准备、采购、执行、移交各环节操作流程进行了进一步规范
6	关于开展政府和社会资本合作的指导意见	发改投资〔2014〕2724号	国家发展改革委	2014年12月2日	明确PPP项目范围、操作模式、工作机制及政策保障，其中包含《政府和社会资本合作项目通用合同指南》
7	关于规范政府和社会资本合作合同管理工作的通知	财金〔2014〕156号	财政部	2014年12月30日	规范PPP合同管理，发布PPP项目合同管理指南

序号	政策名称	文号	部门	成文时间	主要内容
8	政府采购竞争性磋商采购方式管理暂行办法	财库〔2014〕214 号	财政部	2014 年 12 月 31 日	明确 PPP 模式采用竞争性磋商采购具体实施方法
9	政府和社会资本合作项目政府采购管理办法	财库〔2014〕215 号	财政部	2014 年 12 月 31 日	全面规范了政府和社会资本合作（PPP）项目政府采购行为，并在政府采购的整体法律框架下，对采购方式、采购程序等进行了创新
10	政府和社会资本合作项目财政承受能力论证指引	财金〔2015〕21 号	财政部	2015 年 4 月 7 日	包括财政承受能力论证的原则、责任识别、支出测算方法、能力评估、信息披露等，规范 PPP 项目财政管理
11	PPP 物有所值评价指引（试行）	财金〔2015〕167 号	财政部	2015 年 12 月 18 日	包括总则、评价准备、定性评价、定量评价、评价报告和信息披露等，促进 PPP 物有所值评价工作规范有序开展
12	关于规范政府和社会资本合作（PPP）综合信息平台运行的通知	财金〔2015〕166 号	财政部	2015 年 12 月 18 日	建设开发政府和社会资本合作综合信息平台，规范和推进政府和社会资本合作（PPP）项目管理

序号	政策名称	文号	部门	成文时间	主要内容
13	政府和社会资本合作项目财政管理暂行办法	财金〔2016〕90号	财政部	2016年9月24日	包括总则、项目识别论证、项目政府采购管理、项目财政预算管理、项目资产负债管理、监督管理等，规范财政部门履职行为，保障合作各方合法权益
14	传统基础设施领域实施政府和社会资本合作项目工作导则	发改投资〔2016〕2231号	国家发展改革委	2016年10月24日	进一步规范传统基础设施领域政府和社会资本合作（PPP）项目操作流程，并明确了政府和社会资本合作的五种模式，鼓励社会资本方成立联合体投标并鼓励设立混合所有制项目公司
15	财政部政府和社会资本合作（PPP）专家库管理办法	财金〔2016〕144号	财政部	2016年12月30日	规范PPP专家的遴选、入库及PPP专家库的组建、使用、管理活动
16	政府和社会资本合作（PPP）咨询机构库管理暂行办法	财金〔2017〕8号	财政部	2017年3月22日	规范政府和社会资本合作（PPP）咨询机构库的建立、维护与管理要求

序号	政策名称	文号	部门	成文时间	主要内容
17	关于规范政府和社会资本合作（PPP）综合信息平台项目库管理的通知	财办金〔2017〕92号	财政部	2017年11月10日	对项目库实施分类管理，严格新项目入库标准，审慎开展政府付费项目，对不符合规定的项目清理出库，要求政府付费与项目绩效考核结果挂钩，建设成本中参与绩效考核的部分占比不得低于30%，强化PPP项目绩效管理
18	关于进一步加强政府和社会资本合作（PPP）示范项目规范管理的通知	财金〔2018〕54号	财政部	2018年4月24日	对核查存在问题的173个示范项目分类进行处置，并要求各地引以为戒，加强项目规范管理
三、防范政府和社会资本合作风险					
19	关于进一步规范地方政府举债融资行为的通知	财预〔2017〕50号	财政部、国家发展改革委、司法部、人民银行、银监会、证监会	2017年4月26日	全面组织开展地方政府融资担保清理整改工作，切实加强融资平台公司融资管理，规范政府与社会资本方的合作行为，进一步健全规范的地方政府举债融资机制，建立跨部门联合监测和防控机制并大力推进信息公开

序号	政策名称	文号	部门	成文时间	主要内容
20	关于坚决制止地方以政府购买服务名义违法违规融资的通知	财预〔2017〕87号	财政部	2017年5月28日	明确政府购买服务的改革方向、实施范围、预算管理、信息公开等事项
21	关于加强中央企业PPP业务风险管控的通知	国资发财管〔2017〕192号	国务院国有资产监督管理委员会	2017年11月17日	一是强化集团管控，要求集团统一审批PPP业务；二是严控非主业领域PPP项目投资，规范PPP投资回报率要求；三是严控投资规模，严控债务风险管控央企的PPP项目投资规模，限制高负债和亏损子公司PPP投资，禁止非投资金融类子公司的纯融资行为；四是要求严格遵守资本金制度，禁止名股实债和购买劣后级份额；五是规范会计核算，要求按照实质重于形式原则判断是否并表；六是严格责任追究，建立PPP终身责任追究制

序号	政策名称	文号	部门	成文时间	主要内容
22	关于规范金融企业对地方政府和国有企业投融资行为有关问题的通知	财金〔2018〕23号	财政部	2018年3月28日	进一步强调国有金融企业除购买地方政府债券外，不得直接或通过地方国有企事业单位等间接渠道为地方政府及其部门提供任何形式的融资；不得违规新增地方政府融资平台公司贷款；不得要求地方政府违法提供担保或承担偿债责任；不得提供债务性资金作为地方建设项目、政府和社会资本合作项目资本金
23	关于规范金融机构资产管理业务的指导意见	银发〔2018〕106号	中国人民银行、中国银行保险监督管理委员会、国家外汇管理局	2018年4月27日	按照产品类型统一监管标准，从募集方式和投资性质两个维度对资产管理产品进行分类，分别统一投资范围、杠杆约束、信息披露等要求
24	关于完善市场约束机制严格防范外债风险和地方债务风险的通知	发改外资〔2018〕706号	国家发展改革委、财政部	2018年5月11日	从完善公司治理结构、强化信息披露、加强监管协作等方面，对下一阶段企业发行中长期外债工作进行了部署

序号	政策名称	文号	部门	成文时间	主要内容
25	关于推进政府和社会资本合作规范发展的实施意见	财金〔2019〕10号	财政部	2019年3月7日	财政支出责任占比超过5%的地区，不得新上政府付费项目。按照“实质重于形式”原则，污水、垃圾处理等依照收支两条线管理、表现为政府付费形式的PPP项目除外
四、出台政策鼓励促进PPP					
26	关于推进开发性金融支持政府和社会资本合作有关工作的通知	发改投资〔2015〕445号	国家发展改革委、国家开发银行	2015年3月10日	推进开发性金融支持政府和社会资本合作（PPP）有关工作的措施
27	关于推进传统基础设施领域政府和社会资本合作（PPP）项目资产证券化相关工作的通知	发改投资〔2016〕2698号	国家发展改革委、中国证监会	2016年12月21日	明确重点推动资产证券化的PPP项目范围
28	关于规范开展政府和社会资本合作项目资产证券化有关事宜的通知	财金〔2017〕55号	国家发展改革委、中国证监会	2016年12月21日	推进符合条件的PPP项目通过资产证券化方式实现市场化融资，提高资金使用效率，更好地支持传统基础设施项目建设

序号	政策名称	文号	部门	成文时间	主要内容
29	政府和社会资本合作（PPP）项目专项债券发行指引	发改办财金〔2017〕730号	国家发展改革委办公厅	2017年4月25日	明确PPP专项债券适用范围和支持重点、发行条件、审核要求、信息披露和投资者保护
30	关于保险资金投资政府和社会资本合作项目有关事项的通知	保监发〔2017〕41号	中国保监会	2017年5月4日	支持保险资金通过基础设施投资计划，投资符合条件的PPP项目
31	地方政府土地储备专项债管理办法（试行）	财预〔2017〕62号	财政部、国土资源部	2017年5月16日	明确土地储备专项债发行要求与期限
32	关于保险业支持实体经济发展的指导意见	保监发〔2017〕42号	中国保监会	2017年5月4日	推动保险资金参与“一带一路”建设，推进参与PPP和重大工程
33	关于做好地方政府专项债券发行工作的意见	财库〔2018〕72号	财政部、中国人民银行、中国证监会	2018年8月14日	分类稳妥地推动PPP项目资产证券化，严格筛选开展资产证券化的PPP项目，完善PPP项目资产证券化工作程序，完善PPP项目资产证券化工作程序
34	关于保持基础设施领域补短板力度的指导意见	国办发〔2018〕101号	国务院办公厅	2018年10月11日	鼓励地方依法合规采用政府和社会资本合作等方式，撬动社会资本特别是民间投资投入补短板重大项目